동물보건 실습지침서

동물보건임상병리학 실습

이왕희 · 정재용 저

배은진 · 성기창 · 송광영 · 안재범 · 어경연
이상훈 · 정연수 · 조현명 · 황인수 감수

박영story

머리말

최근 국내 반려동물 양육인구 증가에 따라, 인간과 더불어 사는 동물의 건강과 복지 증진에 관한 산업 또한 급성장을 이루고 있습니다. 이에 양질의 수의료서비스에 대한 사회적 요구는 필연적이며, 국내 동물병원들은 동물의 진료를 위해 진료 과목을 세분화하고, 숙련되고 전문성 있는 수의료보조인력을 고용하여, 더욱 체계적이고 높은 수준으로 수의료진료서비스 체계를 갖추고 있습니다.

2021년 8월 개정된 수의사법이 시행됨에 따라, 2022년 이후부터는 매년 농림축산식품부에서 주관하는 국가자격시험을 통해 동물보건사가 배출되고 있습니다. 동물보건사는 동물에 대한 관찰, 체온 · 심박수 등 기초 검진 자료의 수집, 간호판단 및 요양을 위한 간호 등 동물 간호 업무와 약물도포, 경구투여, 마취·수술의 보조 등 동물 진료 보조 업무를 수행하고 있습니다.

동물보건사 양성기관은 일정 수준의 동물보건사 양성 교육 프로그램을 구성하고, 동물보건사 필수교과목에 해당하는 교내 실습교육이 원활하고 전문적으로 이뤄질 수 있도록 교육 시스템을 마련해야 할 것입니다. 본 실습지침서는 동물보건사 양성기관이 체계적으로 동물보건사 실습교육을 원활하게 지도할 수 있도록 학습목표, 실습내용 및 준비물 등을 각 분야별로 빠짐없이 구성하였습니다. 또한 학생들이 교내 실습교육을 이수한 후 실습내용 작성 및 요점 정리를 할 수 있도록 실습일지를 제공하고 있습니다.

앞으로 지속적으로 교내실습 교육에 활용할 수 있는 교재로 개선해 나갈 것이며, 이 교재가 동물보건사 양성기관뿐만 아니라 동물보건사가 되기 위해 준비하는 학생들에게도 유용한 자료가 되기를 바랍니다.

2023년 3월

저자 일동

학습 성과	
학 교	
실습학기	
지도교수	
학 번	
성 명	

실습 유의사항

실습생준수사항

1. 실습시간을 정확하게 지킨다.
2. 실습수업을 하는 동안 항상 실습지침서를 휴대한다.
3. 학과 실습규정에 따라 실습에 임하며 규정에 반하는 행동을 하지 않는다.
4. 안전과 감염관리에 대한 교육내용을 사전 숙지한다.
5. 사고 발생시 학과의 가이드라인에 따라 대처한다.
6. 본인의 감염관리를 철저히 한다.

실습일지 작성

1. 실습날짜를 정확히 기록한다.
2. 실습한 내용을 구체적으로 작성한다.
3. 실습 후 토의 내용을 숙지하여 작성한다.

실습지도

1. 학생이 이론과 실습이 균형된 경험을 얻을 수 있도록 이론으로 학습한 내용을 확인한다.
2. 실습지침서에 기록된 사항을 고려하여 지도한다.
3. 모든 학생이 골고루 실습 수업에 참여할 수 있도록 지도한다.
4. 학생들의 안전에 유의한다.

실습성적평가

1. ______시간 결석시 ______점 감점한다.
2. ______시간 지각시 ______점 감점한다.
3. ______시간 결석시 성적 부여가 불가능(F)하다.

* 실습성적평가체계는 각 실습기관이 자체설정하여 학생들에게 고지한 후 실습을 이행하도록 한다.

주차별 실습계획서

주차	학습 목표	학습 내용
1	현미경 관찰법을 이해하여 현미경 검사를 수행할 수 있다.	- 현미경의 각 부위 명칭과 기능 설명하기 - 조동조절나사와 미동조절나사의 사용법 이해하기 - 현미경 슬라이드 검사단계 실행하기 - 현미경의 사용 및 관리 유지방법 이해하기
2	혈액검체 채취과정을 보조하고 혈액검체를 구분하여 관리 및 유지할 수 있다.	- 동물 혈액 검체 채취 절차 이해하기 - 혈액 채취에 필요한 장비를 목록화하기 - 항응고제를 각 목적과 작용별로 구분하기
3	전혈구검사(CBC 검사) 기기를 이용한 검사를 수행하고 PCV검사를 이해한다.	- 마이크로헤마토크릿법을 이용한 PCV검사 절차 이해하기 - 원심분리된 마이크로헤마토크릿 튜브에서 각 층의 색상을 구분하고 설명하기 - 자동 전혈구검사 장비의 원리를 이해하고 검사과정 수행하기
4	혈액도말 염색과정을 이해하고 혈액도말표본을 제작할 수 있다.	- 혈액도말과정을 이해하여 수행하기 - 혈액도말표본 염색과정 이해하기 - 혈액도말 및 염색과정에서의 문제점을 이해하여 해결하기
5	백혈구 종류를 구분하고 감별계산을 수행할 수 있다.	- 백혈구 감별계수를 위한 도말표본 제작과정 이해하기 - 백혈구 절대값 계산과정을 이해하여 각 백혈구를 구분하고 감별계수 산출하기
6	혈액화학분석기의 검사 절차를 이해하여 수행하고 관리 및 유지에 대해 설명할 수 있다.	- 혈액화학분석기의 원리를 이해하고 기기를 이용하여 혈액 검사 수행하기 - 혈청 및 혈장의 검체처리에 대해 이해하고 각 혈액화학분석기에 맞춰 검사하기 - 혈액화학 분석기의 정기적인 점검 및 관리법 이해하기
7	혈액형 판정카드의 원리를 이해하고 혈액형 검사를 수행할 수 있으며 교차시험(crossmatching)의 원리와 검사절차를 수행할 수 있다.	- 개와 고양이의 주요 혈액형 이해하기 - 혈액형 판정카드를 이용한 혈액형 검사를 수행하기 - 수혈의 절차를 이해하고 교차시험(crossmatching)의 과정 보조하기
8	요비중과 요침사 과정을 이해하여 요검사를 수행할 수 있다.	- 요비중계를 이용한 검사방법을 이해하고 수행하기 - 현미경을 이용한 요침사 과정 이해하기 - 요침사에서 현미경으로 관찰될 수 있는 세포와 결정을 확인하고 의미를 설명하기 - 원주(cast)의 형성에 대해 이해하기

주차	학습 목표	학습 내용
9	요화학 검사 방법과 건식 검사 방법을 이해하여 요 검사를 수행할 수 있다.	- 요의 화학적 분석절차 이해하기 - 요 검체을 이용하여 딥스틱 검사 수행하기 - 요침사 검체를 이용한 건식 검사 검체 제작과정 이해하기 - 건식 샘플을 이용한 염색과정 수행하기
10	분변부유법의 전과정을 이해하여 분변검체 채취를 보조하고 기생충검사를 수행할 수 있다..	- 분변부유법을 이해하고 수행하기 - 분변부유 용액의 장점과 단점 이해하기 - 원심부유법을 수행하는 절차 이해하기
11	분변도말검사를 이해하고 표본을 제작하여 현미경 검사를 보조할 수 있다.	- 분변의 직접도말 과정을 이해하여 표본제작 수행하기 - 습식 및 건식 표본을 제작하여 현미경 검사 보조하기
12	암컷에서 수행하는 질도말 검사의 원리와 절차를 이해하여 표본을 제작할 수 있다.	- 발정주기를 이해하여 질도말 검사 절차를 수행하기 - 질도말 검사를 통해 확인할 수 있는 세포의 종류와 미생물 이해하기 - 질도말 검사의 유의점을 확인하고 표본을 제작하여 현미경 검사 보조하기
13	외이도 미생물 확인을 위한 귀도말 검사 과정을 이해하고 수행할 수 있다.	- 귀도말과정을 위한 준비과정을 수행하기 - 외이도에서 관찰할 수 있는 감염성 원인체의 종류를 구분하고 현미경으로 관찰하기 - 귀도말 검사에 발생할 수 있는 문제점을 이해하기
14	피부 검체 채취를 이해하고 검사를 보조하며 검사 과정을 수행할 수 있다.	- 피부소파검사를 이해하고 검사보조하기 - 셀로판테이프검사법을 이해하고 수행하기 - 피부사상균 배양을 준비하는 과정을 이해하고 검사절차 수행히기
15	세포학을 위한 검체 채취 과정을 이해하고 검체 채취를 보조할 수 있다.	- 세침을 이용한 소직검사 및 생검기술을 이해하여 FNA검사를 보조하기 - imprinting을 활용하여 조직샘플 제작과정을 이해하고 수행하기 - 천자를 활용한 검체채취 방법을 이해하고 보조하기 - 세포학 검체를 농축하는 방법을 이해하여 기기를 이해하여 세포농축 수행하기

주차	학습 목표	학습 내용
16	세포학 검사를 위한 세포 도말과정과 염색과정을 이해하여 표본제작을 수행할 수 있다.	- 압착 도말방법의 원리를 이해하고 샘플제작 수행하기 - 세포학 샘플을 고정하고 염색하는 과정을 이해하여 각각의 염색법에 맞춰 표본 제작하기 - 염색과정에서 발생할 수 있는 문제점을 확인하고 해결하기
17	심장사상충 검사를 이해하고 수행할 수 있다.	- 심장사상충 키트검사과정을 이해하여 수행하기 - 현미경을 통한 자충(마이크로필라리아)진단과정을 이해하여 샘플을 제작하고 검사보조하기
18	전염병 검사키트를 이해하고 검사절차를 수행할 수 있다.	- 개의 전염병 진단키트의 종류를 이해하고 검사 보조하기 - 고양이의 전염병 진단키트의 종류를 이해하고 검사 보조하기 - 각 제조사별 키트의 종류와 원리를 이해하여 주의사항 확인하기
19	항체검사를 이해하고 항체검사를 수행할 수 있다.	- 개의 항체검사 원리를 이해하고 검사과정 수행하기 - 고양이의 항체검사 원리를 이해하고 검사과정 수행하기 - 각 제조사별 항체검사키트의 종류와 원리를 이해하여 주의사항 확인하기
20	항생제 감수성 테스트 검사절차를 이해하여 검사과정을 수행할 수 있다.	- 항생제 감수성 테스트의 원리 이해하기 - 항생제 감수성 테스트의 유의성을 파악하여 검사 절차 이해하기 - 한천 확산법으로 항생제 감수성 테스트 과정을 수행하기

차례

PART 01 혈액 검사

PART 02 요 검사

PART 03 분변 검사

PART 04

세포 및 피부 검사

PART 05

기타 임상병리 검사

동물보건 실습지침서

동물보건임상병리학 실습

박영story

학습목표

- 자동혈구검사기를 이용한 전혈구 검사와 마이크로헤마토크릿법을 이용한 적혈구용적 검사를 수행할 수 있다.
- 혈액도말 염색검사 과정을 이해하고 수행할 수 있다.
- 혈액화학분석기의 원리를 이해하고 기기를 이용하여 혈액화학검사를 수행할 수 있다.
- 혈액형 판정카드를 이용한 혈액형 검사를 수행할 수 있다.
- 백혈구 감별계수를 위한 도말표본을 제작하고, 현미경을 이용하여 백혈구 감별계수를 산출할 수 있다.
- 혈액 검체 채취 과정을 이해하고 채혈을 보조할 수 있다.

PART 01

혈액 검사

01

전혈구 검사(CBC 검사)

실습개요 및 목적

- 마이크로헤마토크릿법을 이용하여 PCV검사를 수행할 수 있다.
- 원심분리된 마이크로헤마토크릿 튜브에서 각 층을 구분하고 설명할 수 있다.
- 자동전혈구검사 장비의 원리를 이해하고 검사과정을 수행할 수 있다.

실습준비물

자동전혈구검사기	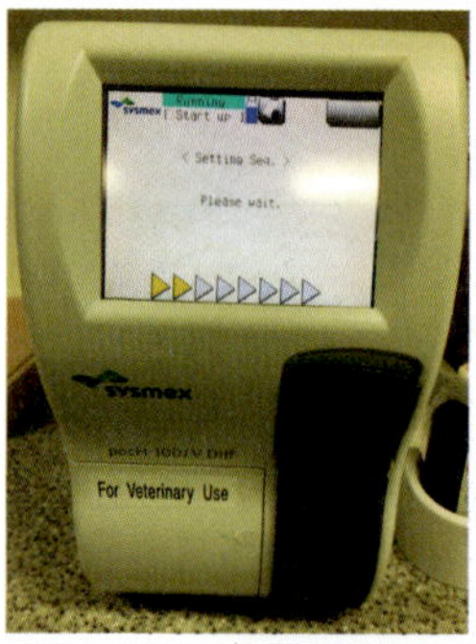	
헤마토크릿 원심분리기, 모세관, 모세관용 찰흙	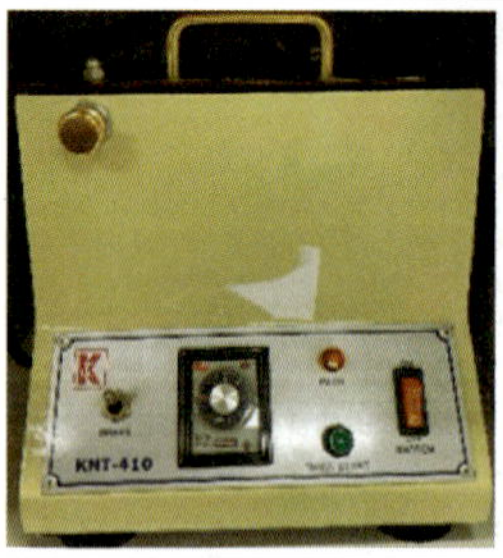	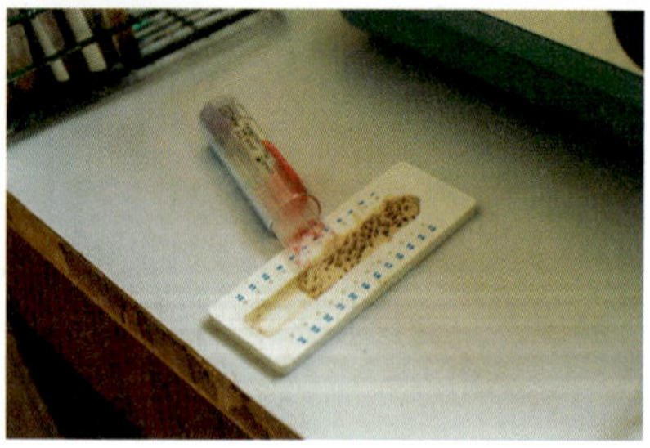
헤마토크릿 측정기, EDTA 혈액검체		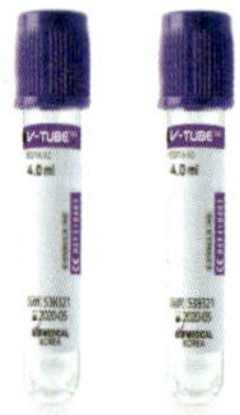

실습방법

[자동 전혈구 검사 수행]

* 검사장비에 따라서 수행과정에 차이가 있을 수 있다.

1. 장비의 전원을 켜서 워밍업을 시킨다(그림 1).
2. 환자의 정보를 입력한다.
3. 검체 삽입하기 위해 검체장착 부분을 열고, 채혈병에 적절한 어댑터로 교체한다(그림 2).
4. 혈액검체를 조심스럽게 섞고, 채혈병의 뚜껑을 제거한다.
5. 채혈병을 삽입하고 문을 닫는다.
6. 검사시작 버튼을 누르고 검사가 끝나면 결과를 확인한다.

[마이크로헤마토크릿법을 이용한 헤마토크리트치 측정 수행]

* 헤마토크리트(Hematocrit)와 적혈구용적(Packed cell volume; PCV)은 같은 뜻의 단어이다.

1. 채혈병에 들어있는 혈액을 조심해서 충분히 섞는다.
2. 모세관에 검체를 3/4 정도 채취한다(10~15mm정도는 채우지 않는다).
3. 모세관 바깥부분에 묻은 혈액을 닦고 끝부분은 모세관용 찰흙으로 막는다.
4. 원심분리기에 모세관 2개를 서로 균형되게 놓는다.
5. 10,000rpm의 속도로 5분간 원심분리시킨다.
6. 원심분리한 모세관을 헤마토크리트 측정기로 측정하여 결과를 얻는다.

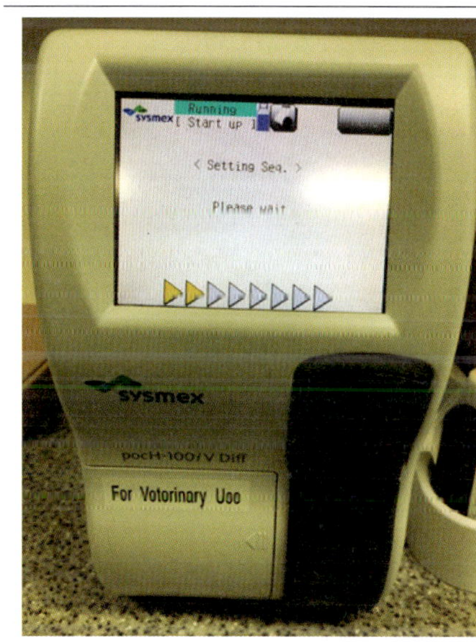

[그림 1] 장비 워밍업(자체제작)

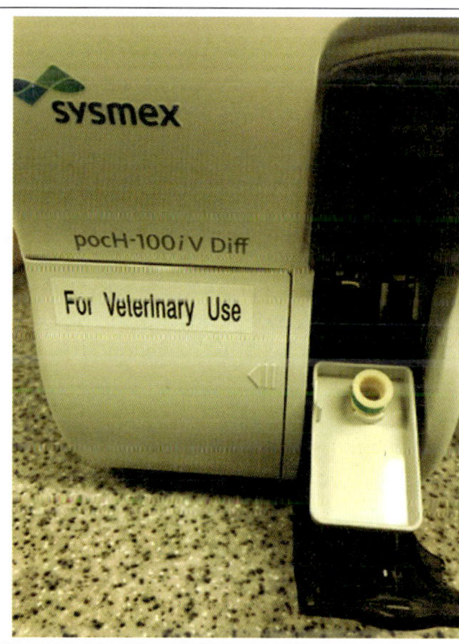

[그림 2] 검체 장착부분(자체제작)

실습 일지

실습 날짜	. . .

실습 내용	
토의 및 핵심 내용	

교육내용 정리

02

혈액도말 염색 검사

실습개요 및 목적

- 혈액도말과정을 이해하며 수행할 수 있다.
- 혈액도말검체를 염색하는 과정을 수행할 수 있다.
- 혈액도말 및 염색과정에서 발생하는 문제점을 이해하고 해결할 수 있다.

실습준비물

현미경	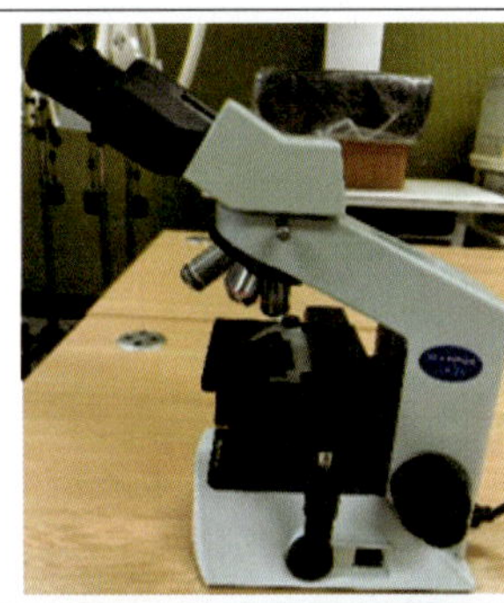
슬라이드글라스 (펼치개용 포함), 알콜솜, 모세관	
딥퀵염색약, 에멀전오일	 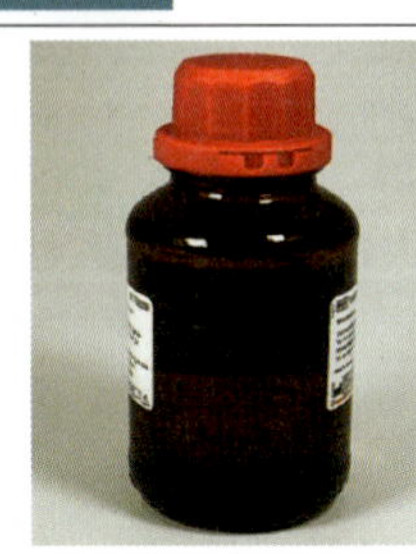

실습방법

[혈액도말염색 검사 수행]

1. 슬라이드글라스를 알코올솜으로 닦은 후 거즈로 깨끗이 닦는다.
2. 혈액을 잘 섞은 후 혈액을 슬라이드글라스에 소량 채취한다.
3. 펼치개를 슬라이드글라스에 30~45도 각도로 위치시킨다(그림 1).
4. 뒤쪽으로 움직여 혈액이 퍼진 것을 확인한 다음 다시 앞쪽으로 부드럽게 당긴다(그림 1).
5. 검체를 공기로 말린다.
6. 말린 검체를 딥퀵염색한다.

실험방법

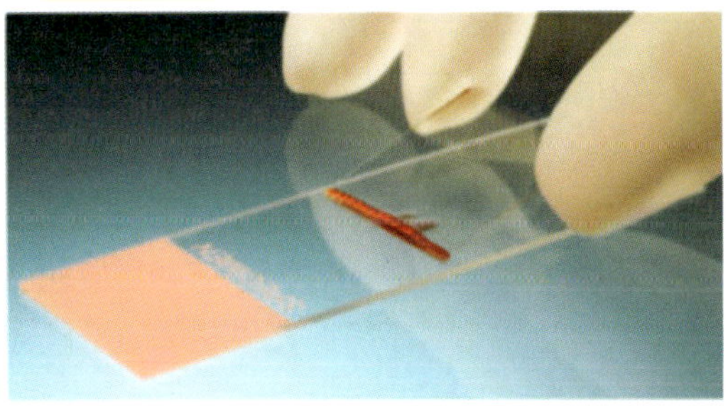

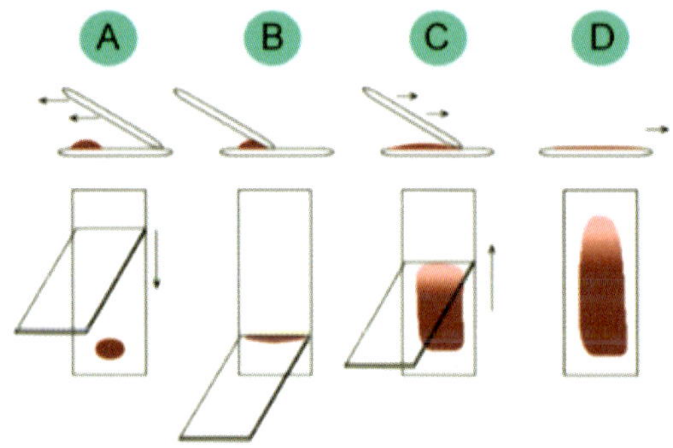

[그림1] 혈액도말표본 제작 방법

출처: https://prezi.com/w14gab9bhp6v/presentation/

실습 일지

실습 날짜	. . .

실습 내용	
토의 및 핵심 내용	

교육내용 정리

03

혈액화학분석기 검사

실습개요 및 목적

- 혈액화학분석기의 원리를 이해하고 기기를 이용하여 혈액검사를 수행할 수 있다.
- 혈청 및 혈장의 검체처리에 대해 이해하고 각 혈액화학분석기에 맞춰 검사할 수 있다.
- 혈액화학분석기의 정기적인 점검 및 관리법을 이해하고 관리할 수 있다.

실습준비물

혈액화학분석기, 분석키트, 원심분리기		
피펫과 피펫팁		
헤파린혈액검체 또는 혈청검체		

실습방법

[혈액화학분석기 검사 수행]

* 검사장비에 따라서 수행과정에 차이가 있을 수 있으며 이 수행과정은 PT10V 장비 기준으로 작성되었음.
* 수행전 헤파린 혈액검체를 원심분리시켜서 혈장을 분리한다.

1. 장비의 전원을 켜서 워밍업을 시킨다.
2. 화면의 '검사 시작' 버튼을 누른다(그림 1).
3. 환자의 정보를 입력한다(그림 2).
4. 카트리지에 전처리한 혈액을 주입하고, 카트리지를 장비에 삽입한 후 작동시킨다(그림 3).
5. 검사가 끝나면 검사결과를 확인한다(그림 4).

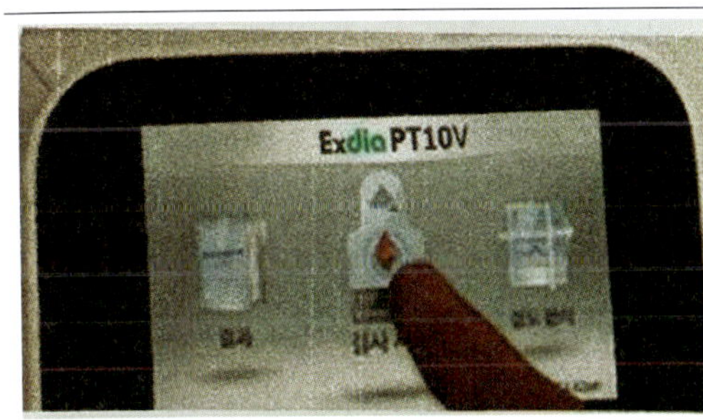

[그림 1] 검사 시작 버튼 누르기

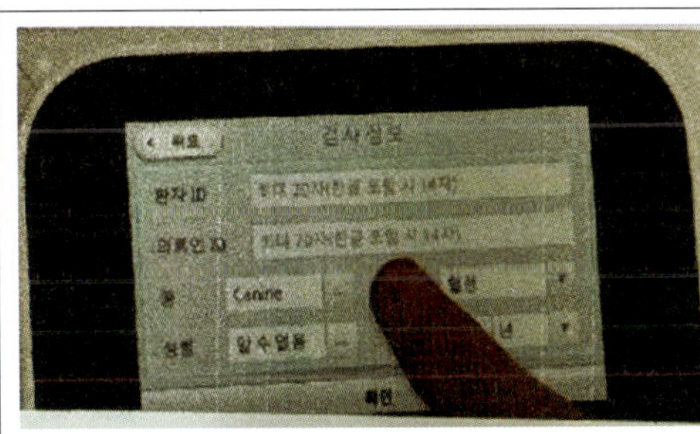

[그림 2] 환자 정보 입력

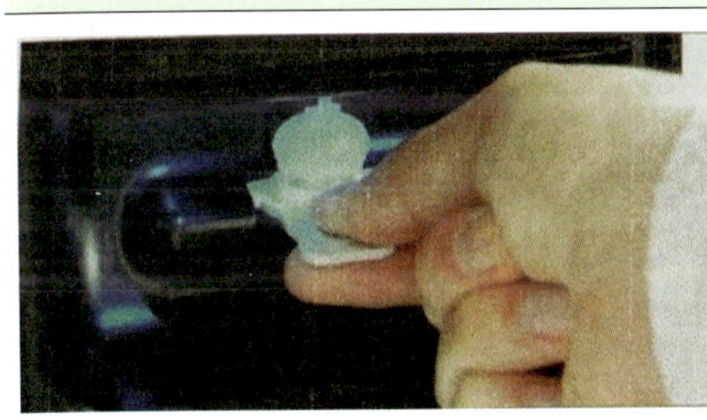

[그림 3] 카트리지 삽입

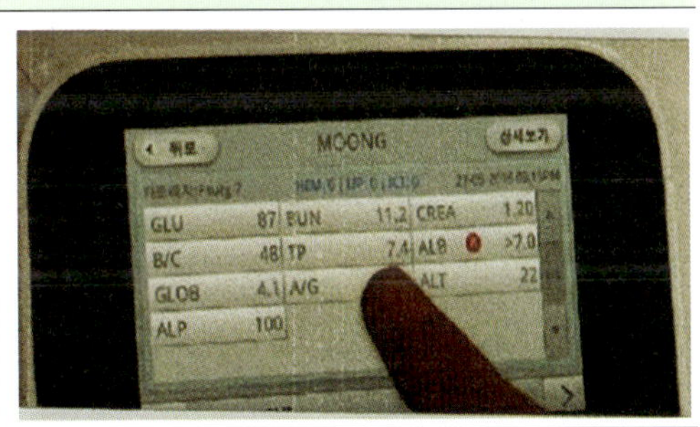

[그림 4] 검사결과 확인

출처: PT10V 생화학분석기 메뉴얼

실습 일지

실습 날짜	. . .

실습 내용	
토의 및 핵심 내용	

교육내용 정리

04

혈액형 판정카드 및 교차시험(Cross matching)

실습개요 및 목적

- 개와 고양이의 주요 혈액형을 확인한다.
- 혈액형 판정카드를 이용한 혈액형 검사를 수행할 수 있다.
- 수혈의 절차를 이해하고 교차시험(crossmatching)의 과정을 수행할 수 있다.

실습준비물

마이크로피펫/ EDTA튜브	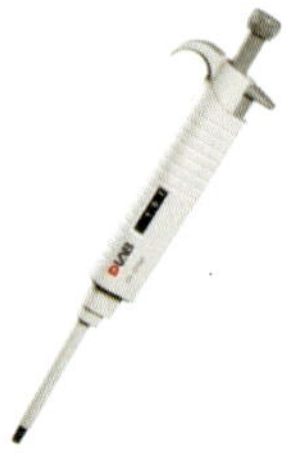	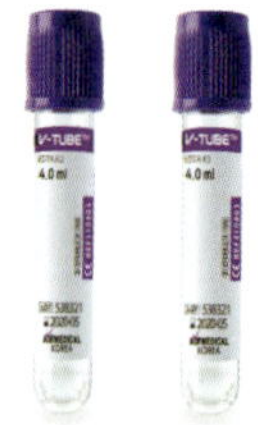
혈액형판정카드	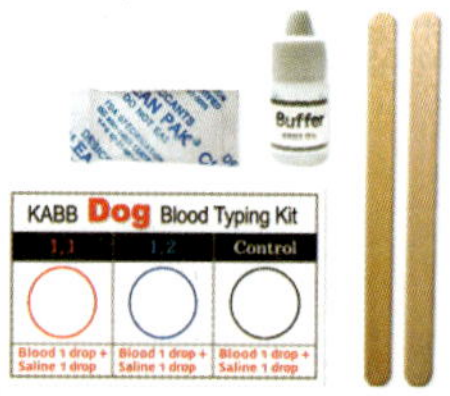	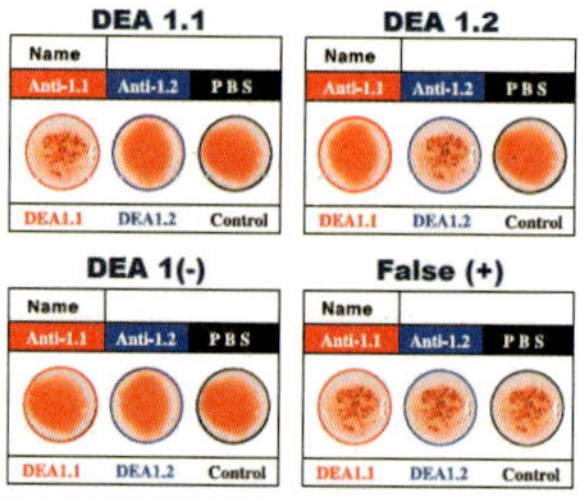
원심분리기, 슬라이드글라스, 커버글라스	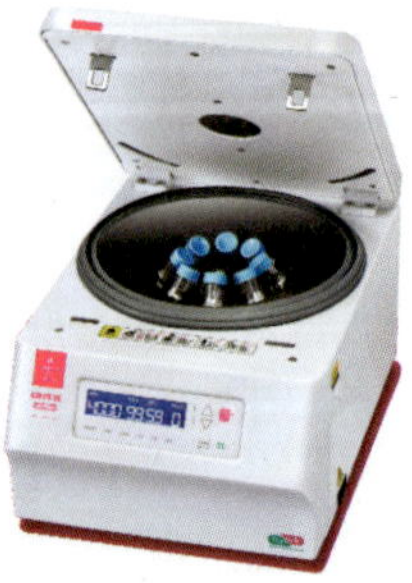	

실습방법

[혈액형판정 카드 방법]

1. EDTA튜브에 담긴 혈액을 준비한다.
2. 판정카드 동그라미 세 곳에 1cc주사기를 이용하여 한 방울씩 떨어뜨린다.
3. 감별용액을 떨어뜨린 후 혼합기를 이용하여 잘 섞어준다.

[교차시험법]

1. 공혈견과 환자의 혈액을 준비하여 원심분리를 통하여 혈구와 혈장을 분리한다.
2. 공혈견의 환자의 적혈구 2% 부유액을 만든다.
3. 공혈견의 부유액과 환자의 혈장을 1:1로 섞어 30분간 상온에 방치한다.
4. 환자의 부유액과 공혈견의 혈장을 1:1로 섞어 30분간 상온에 방치한다.
5. 슬라이드에 각 샘플을 떨어뜨린 후 커버글라스로 덮고 관찰한다.

실습 일지

실습 날짜	. . .

실습 내용	
토의 및 핵심 내용	

교육내용 정리

05 백혈구 종류 구분 및 감별계산

실습개요 및 목적

- 백혈구 감별계수를 위한 도말표본을 제작할 수 있다.
- 백혈구 절대값을 계산하는 과정을 이해하며 각 백혈구를 구분하고 감별계수를 산출할 수 있다.

실습준비물

현미경	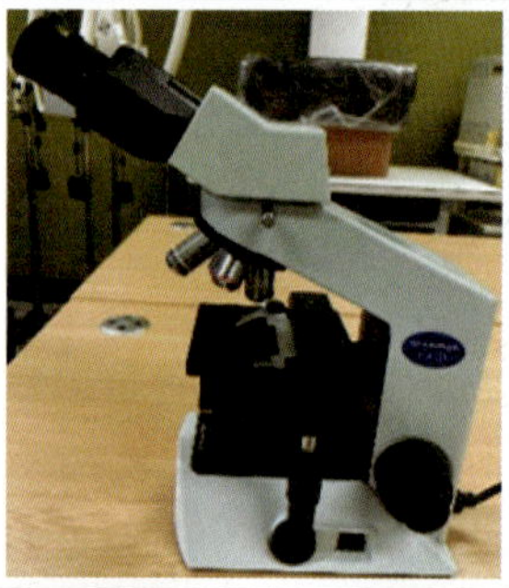	
슬라이드글라스, 딥퀵염색약		
EDTA혈액검체, 유침오일, 거즈, 알코올솜	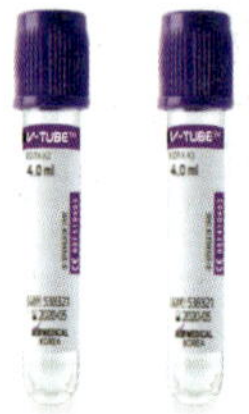	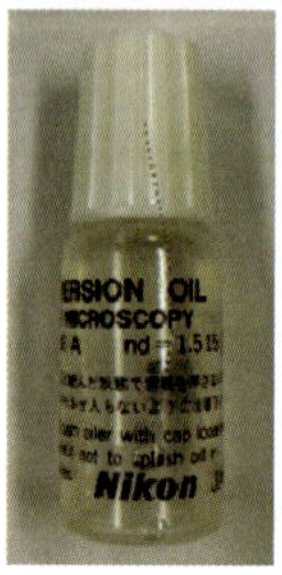

실습방법

[혈액도말표본 만들기]

1. 슬라이드글라스를 알코올솜으로 닦은 후 거즈로 깨끗이 닦는다.
2. 혈액을 잘 섞은 후 혈액을 슬라이드글라스에 소량 채취한다.
3. 펼치개를 슬라이드글라스에 30~45도 각도로 위치시킨다.
4. 뒤쪽으로 움직여 혈액이 퍼진 것을 확인한 다음 다시 앞쪽으로 부드럽게 당긴다.
5. 검체를 공기로 말린다.
6. 말린 검체를 딥퀵으로 염색한다.

[현미경으로 관찰하기]

1. 검체를 장착한 후 현미경 배율 400배 또는 1,000배에서 관찰한다(그림 1).
2. 각 백혈구별 숫자를 구분하여 계산한다.

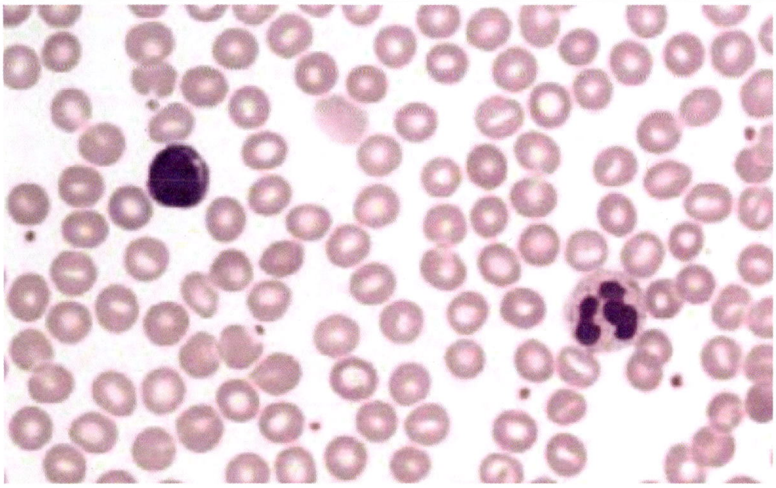

[그림1] 혈액도말검사 현미경 화면

출처: https://m.blog.naver.com/PostView.naver?isHttpsRedirect=true&blogId=hyouncho2&logNo=60164586566

실습 일지

실습 날짜	. . .

실습 내용	
토의 및 핵심 내용	

교육내용 정리

06

혈액검체 채취과정 보조 및 혈액검체 구분

실습개요 및 목적

- 환자에서 혈액 검체를 채취하는 절차를 이해하고 채취과정을 보조할 수 있다.
- 혈액 채취에 필요한 소모품을 목록화할 수 있다.
- 항응고제를 각 목적과 작용별로 구분할 수 있다.

실습준비물

주사기, 토니켓, 알코올솜, 과산화수소수솜	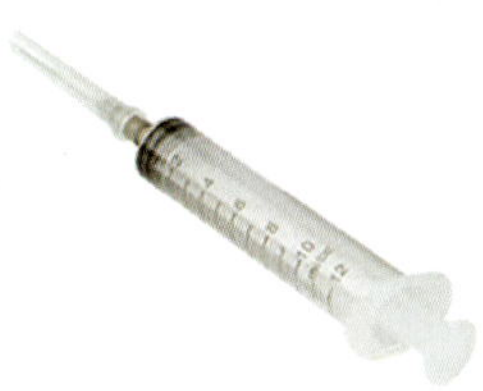	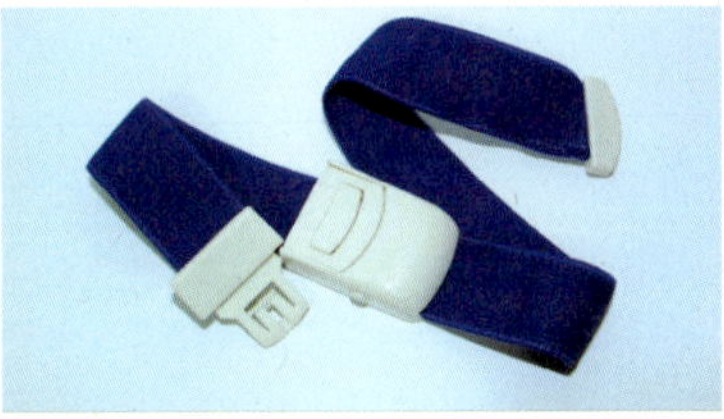
혈액검체용기	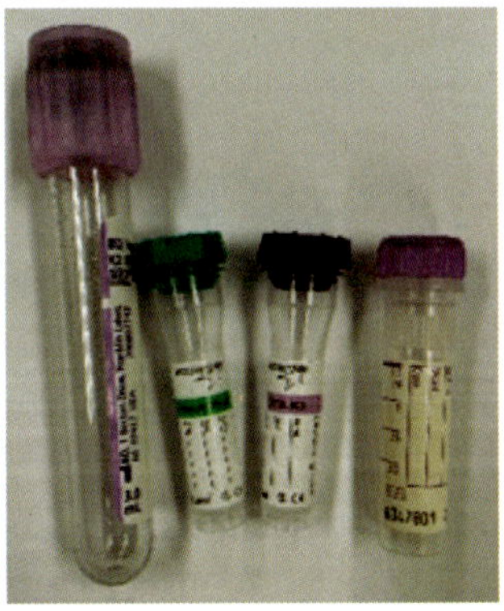	

실습방법

[혈액검체 채취 수행]

* 다음은 일반적으로 많이 수행되는 요골 쪽 피부정맥 채혈과정이다.

1. 정맥이 잘 보이지 않을 경우는 제모한다.
2. 보정자는 채혈할 다리 반대편에 서서 채혈할 다리와 같은 쪽 손으로는 채혈할 다리를 잡아당기고, 반대쪽 손은 머리를 감싸서 고정한다(그림 1).
3. 토니켓을 장착한다.
4. 보정자는 다리를 앞으로 뻗게 유지한다.
5. 알코올솜으로 소독하여 정맥을 노출시킨다.
6. 비스듬히 정맥을 천자하여 혈관을 확보하고 피스톤을 당겨서 채혈한다.
7. 토니켓을 제거한다.
8. 주사기를 제거함과 동시에 탈지면으로 지혈한다.
9. 지혈확인 후 출혈반이 있다면 과산화수소수솜으로 출혈자국을 정리한다.
10. 혈액검체용기에 혈액을 담고 항응고제와 부드럽게 섞는다.

[각종 혈액검체용기의 사용]

- EDTA 용기: 주로 전혈구검사(CBC)와 혈액도말검사에 사용된다. 용기의 색상은 연보라색이다.
- 헤파린 용기: 주로 혈장을 이용한 혈액화학검사에 사용된다. 용기의 색상은 녹색이다.
- SST 용기: 혈청 분리 촉진제와 겔이 들어 있어 혈청 분리가 쉽다. 용기의 색상은 노란색이다.
- Plain 용기: 혈청 분리 촉진제가 포함되어 있다. 혈액을 원심분리하여 혈청을 얻는다. 용기의 색상은 빨강색이다.

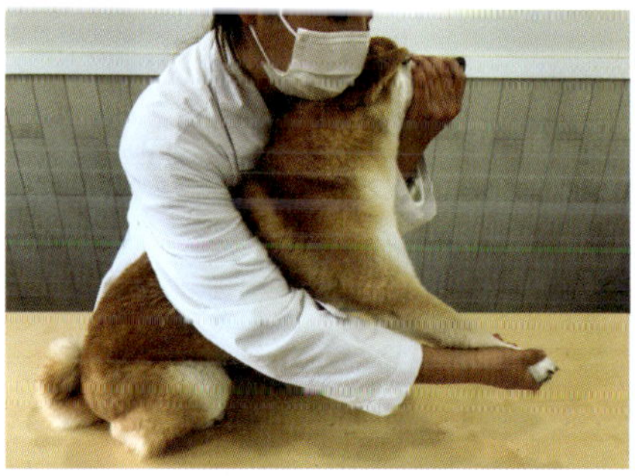

[그림 1] 요골쪽피부정맥 채혈 보정법(자체제작)

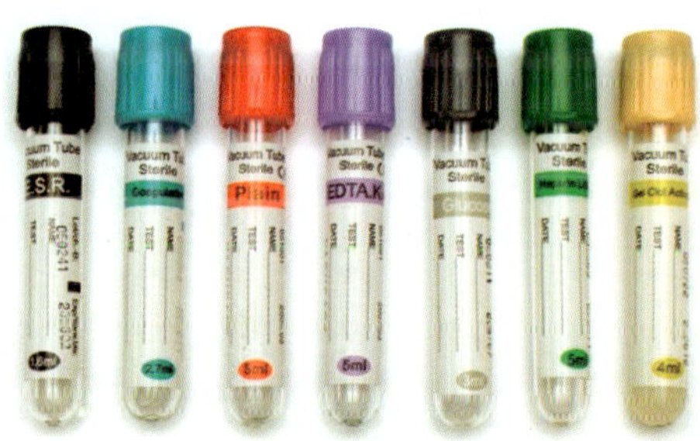

[그림 2] 각종 혈액검체용기

출처: (그림 2) https://m.blog.naver.com/PostView.naver?isHttpsRedirect=true&blogId=congguksu&logNo=220450526810

실습 일지

실습 날짜	. . .

실습 내용	
토의 및 핵심 내용	

교육내용 정리

학습목표

- 요비중계를 이용한 요비중검사를 이해하고 수행할 수 있다.
- 요침사검사의 원리를 이해하고 현미경을 이용하여 수행할 수 있다.
- 요화학 검사의 절차를 이해하고 딥스틱 검사를 수행할 수 있다.

PART

02

요 검사

01 요비중과 요침사 검사

실습개요 및 목적

- 요비중계를 이용한 검사방법을 이해하고 수행할 수 있다.
- 요침사를 현미경으로 검사하는 과정을 이해하고 수행할 수 있다.

실습준비물

현미경, 원심분리기	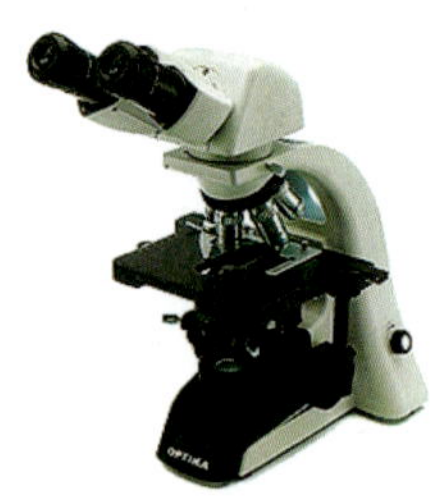	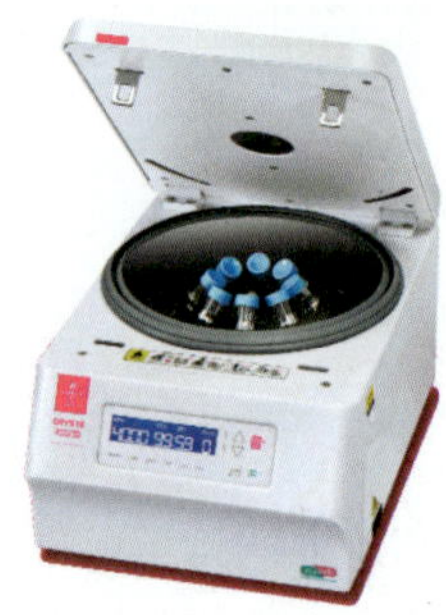
슬라이드글라스, 커버글라스		
요비중계	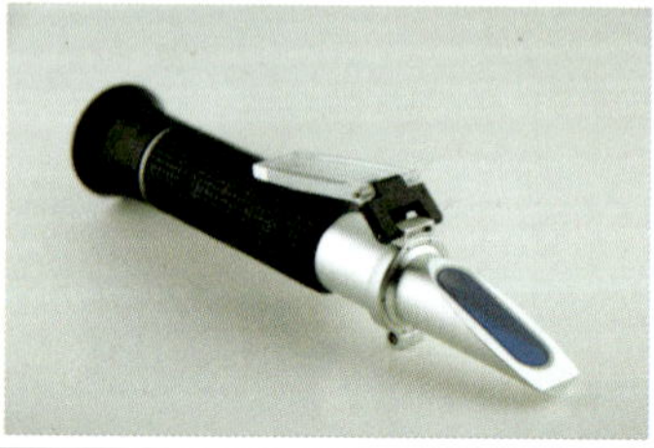	

실습방법

[요비중 검사 수행]

* 요비중계의 사용 전 증류수를 한 방울 떨어뜨리고 영점조절 후 사용한다.

1. 요비중계를 청결히 세척한다.
2. 비중계의 프리즘에 소변검체 몇 방울을 떨어뜨린다(그림 1).
3. 눈금으로 요비중 수치를 읽고 기록한다(그림 1).

[요침사 검사 수행]

1. 5ml의 잘 섞은 소변검체를 원심분리 시험관에 넣고, 1,500rpm에서 5분 동안 원심분리한다.
2. 상층액을 버리고, 침전물과 약간의 소변검체만 남긴다.
3. 내용물을 섞는다.
4. (염색은 선택) 뉴메틸렌블루 또는 세디스테인으로 염색한다.
5. 피펫을 이용하여 슬라이드 위에 떨어뜨리고 커버글라스를 덮는다.
6. 검체를 장착하고 현미경으로 관찰한다.

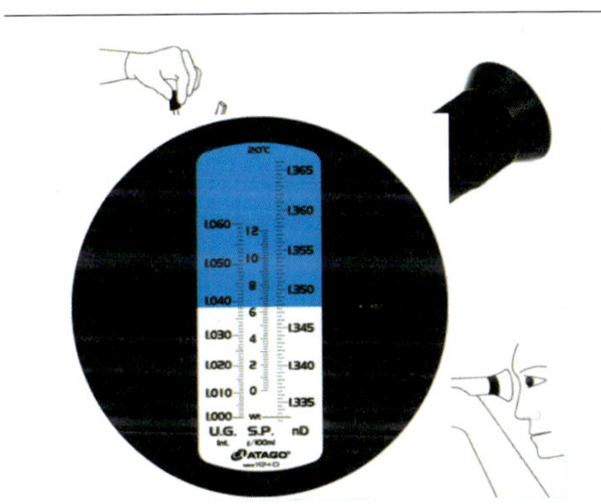

[그림 1] 요비중계 사용법

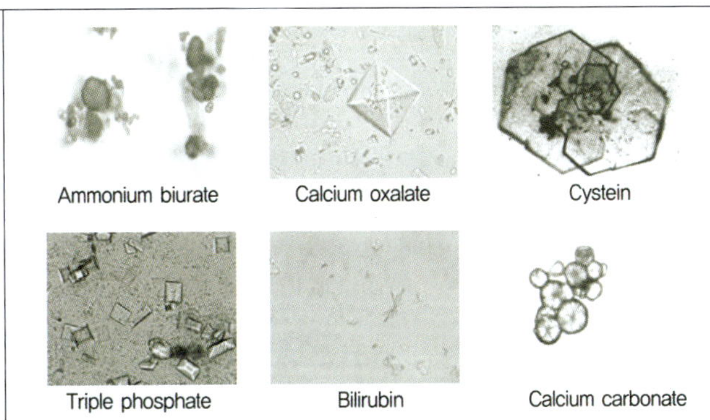

[그림 2] 요침사검사에서 발견되는 대표적인 요결석 결정

출처: (그림 1) http://contents2.kocw.or.kr/KOCW018/konyang/kimpyunghwan1014/3.pdf
(그림 2) https://koreascience.kr/article/JAKO200554538517641.pdf

실습 일지

실습 날짜	. . .

실습 내용	
토의 및 핵심 내용	

교육내용 정리

02

요화학 검사와 요건식 검사

실습개요 및 목적

- 요의 화학적 검사 절차 이해하고 딥스틱 검사를 수행할 수 있다.
- 요침사 검체를 이용하여 건식 검사 검체의 제작을 수행할 수 있다.

실습준비물

현미경	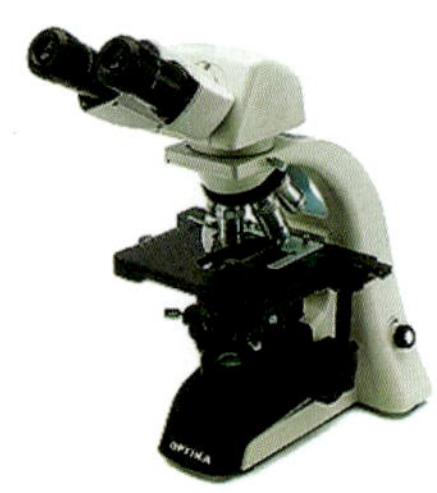	
딥퀵염색약, 슬라이드글라스		
원심분리기, 시험관	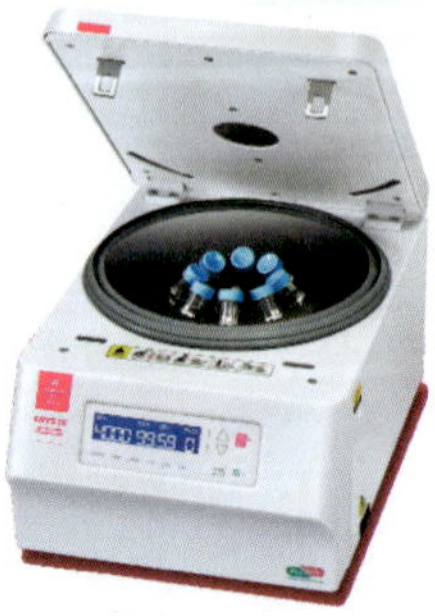	

실습방법

[요화학 검사 수행]

1. 소변검체를 피펫으로 채취하거나 소변용기에 딥스틱을 담근다.
2. 피펫으로 채취했을 때는 소변 딥스틱검사지의 각 항목 색지에 소변검체를 각각 묻힌다(그림 1).
3. 용기통의 설명을 참고하여 일정 시간 경과 후 색깔 변화에 따라 결과를 판독한다.

[요건식 검사 수행]

1. 소변검체를 원심분리하여 상층액은 버리고 나머지를 잘 섞는다.
2. 슬라이드글라스에 소변검체를 떨어뜨린다.
3. 검체가 건조될 때까지 방치하거나 말린다.
4. 검체를 딥퀵염색약으로 염색한다.
5. 현미경으로 관찰한다.

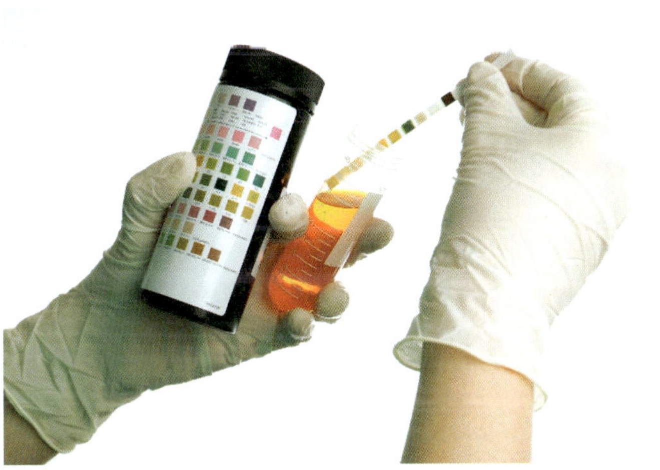

[그림 1] 요화학 검사에 사용되는 소변 딥스틱

출처: https://post.naver.com/viewer/postView.naver?volumeNo=10554162&memberNo=22313680

실습 일지

실습 날짜	. . .

실습 내용	
토의 및 핵심 내용	

교육내용 정리

학습목표

- 환자에서 분변검체를 정확하게 채취할 수 있다.
- 분변부유법 검사의 원리를 이해하고 수행할 수 있다.
- 분변도말표본을 제작하여 현미경 검사를 보조할 수 있다.

PART 03

분변 검사

01

분변부유법 검사

실습개요 및 목적

- 환자에서 분변검체를 정확하게 채취할 수 있다.
- 분변부유법 검사를 이해하고 수행할 수 있다.

실습준비물

현미경	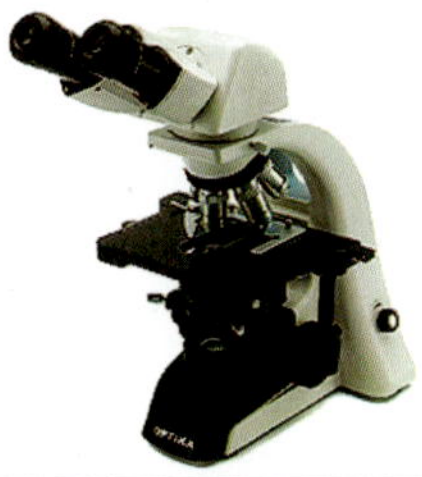
분변루프	
분변부유액, 시험관, 커버글라스, 슬라이드글라스	

실습방법

[분변부유법 검사 수행]

* 다음은 시험관을 이용한 분변부유법 검사 방법을 설명한다.

1. 시험관 내에 분변부유액을 반 정도 붓고 분변검체를 소량 넣는다.
2. 분변루프(또는 나무스틱)를 이용하여 분변을 잘 푼다.
3. 부유액을 조심스럽게 시험관 가득 채우고 시험관 위에 커버글라스를 덮는다(그림 1).
4. 5분간 기다린 후 커버글라스를 슬라이드글라스 위에 놓고 현미경으로 검사한다.

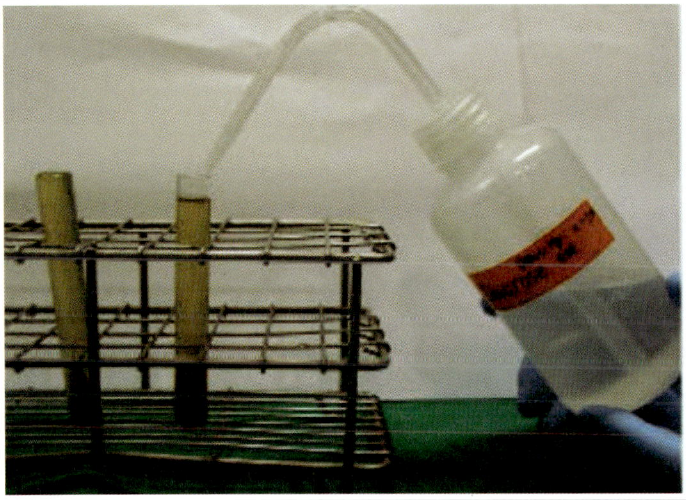

[그림 1] 분변부유법 검사

출처: http://www.animaldentistry.co.kr/xe/fecalexam

실습 일지

실습 날짜	. . .

실습 내용	
토의 및 핵심 내용	

교육내용 정리

02 분변도말 검사

실습개요 및 목적

- 환자의 분변검체를 정확하게 채취할 수 있다.
- 분변도말표본을 제작하여 현미경 검사를 보조할 수 있다.

실습준비물

현미경	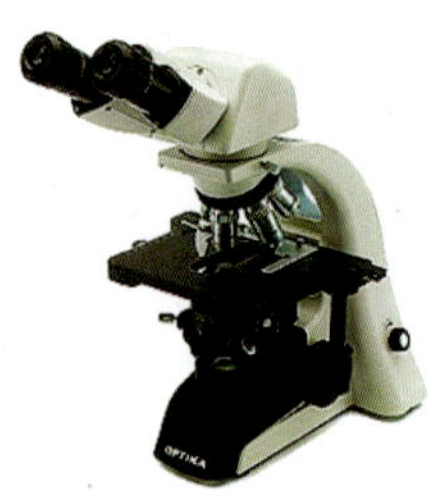	
슬라이드글라스, 커버글라스, 생리식염수		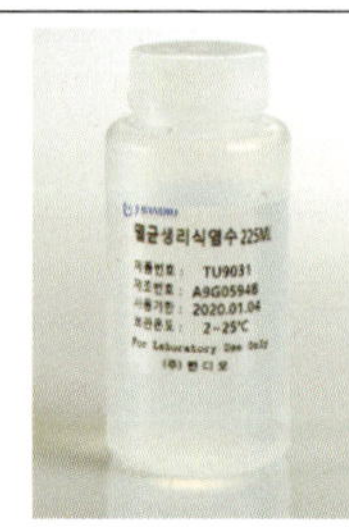
분변루프		

실습방법

[분변도말 검사 수행]

1. 분변루프로 분변검체를 채취한다.
2. 생리식염수를 슬라이드글라스에 소량 떨어뜨린다.
3. 슬라이드글라스에 분변검체를 묻힌다.
4. 나무막대로 잘 갠 다음 기포가 들어가지 않도록 조심스럽게 커버글라스를 덮는다.
5. 조심스럽게 커버글라스 위를 눌러서 잘 편다.
6. 현미경으로 관찰한다(그림 1, 그림 2).

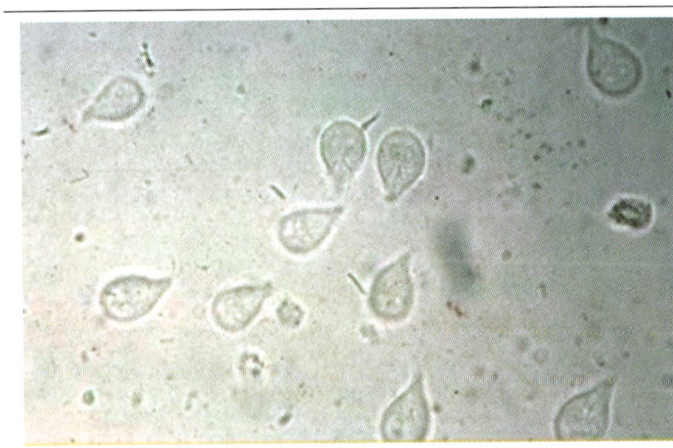

[그림 1] 분변도말검사에서 발견되는 지알디아 감염증

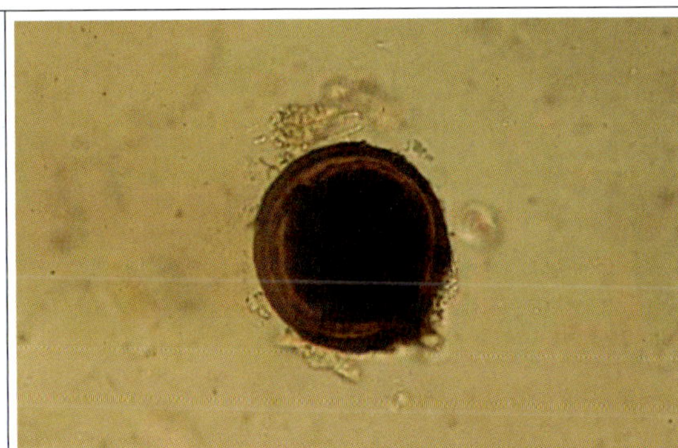

[그림 2] 분변도말검사에서 발견되는 개회충 충란

출처: (그림 1) https://blog.naver.com/jukjeonamc/221300067584
(그림 2) https://m.blog.naver.com/PostView.naver?isHttpsRedirect=true&blogId=smlibedy&logNo=10141689653

실습 일지

실습 날짜	. . .

실습 내용	
토의 및 핵심 내용	

교육내용 정리

학습목표

- 세포학을 위한 검체 채취 과정을 이해하고 검체 채취를 보조할 수 있다.
- 세포학 검사를 위한 세포도말과정과 염색과정을 이해하여 표본제작을 수행할 수 있다.
- 피부 검체 채취를 이해하고 검사를 보조하며 검사과정을 수행할 수 있다.
- 외이도 미생물 확인을 위한 귀도말 검사 과정을 이해하고 수행할 수 있다.
- 암컷에서 수행하는 질도말 검사의 원리와 절차를 이해하여 표본을 제작할 수 있다.

PART 04

세포 및 피부 검사

01

세포학을 위한 검체 채취 보조하기

실습개요 및 목적

- 세침을 사용한 조직검사(FNA; fine needle aspiration)를 보조하며 생검기술을 이해한다.
- 천자를 활용한 검체를 채취하는 과정을 이해하고 검사를 보조할 수 있다.
- 각인(imprint)을 활용하여 검체를 채취하여 표본제작을 수행할 수 있다.

실습준비물

세침흡인기, FNA 건(gun)	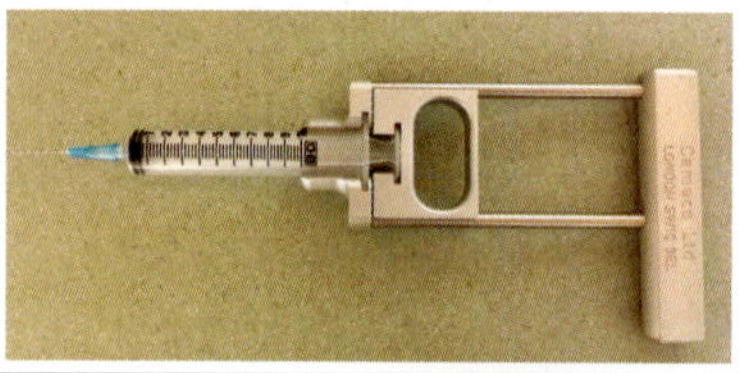	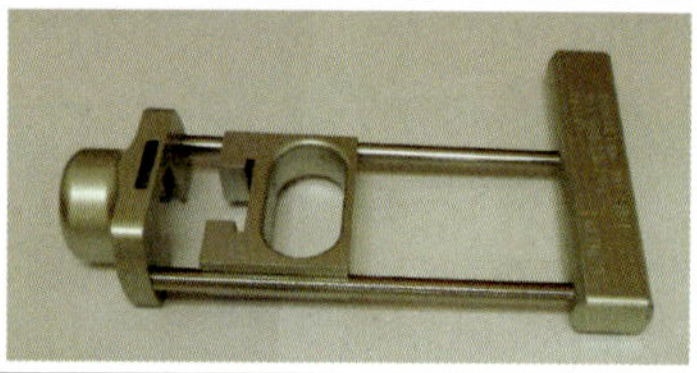
동물모형	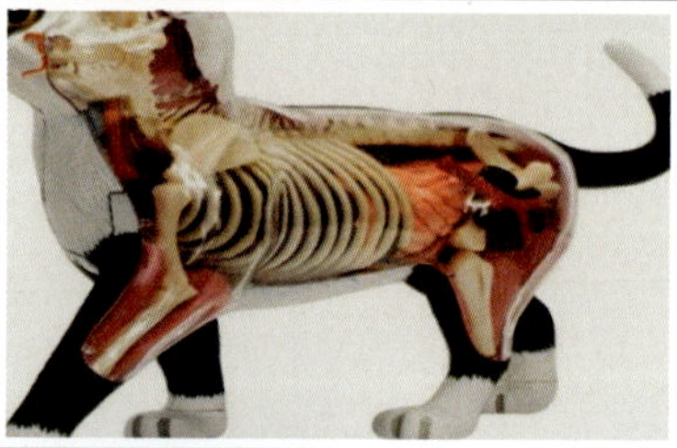	
슬라이드글라스, 주사기		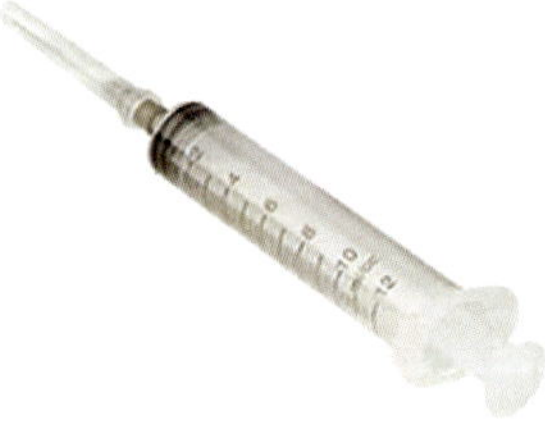

실습방법

[세침흡인법(FNA; fine needle aspiration)]

1. 세포 검사를 할 병변의 위치를 확인한 후 검사 부위의 피부를 소독한다.
2. 가느다란 주사 바늘 및 FNA 건(gun)을 이용하여 mass를 찔러 2~3회 정도 세포를 흡인한다.
3. 결절부위가 흔들리지 않도록 손으로 확실히 고정하고 바늘이 mass를 벗어나지 않도록 주의한다.
3. 위치에 따라 2~3개의 mass를 추가적으로 흡인한다.
4. 흡인한 검체를 슬라이드글라스 위에 뿌린다.

[천자를 이용한 검체 채취]

1. 세포 검사를 할 병변의 위치를 확인한 후 검사 부위의 피부를 소독한다.
2. 초음파를 이용하여 가느다란 주사 바늘을 이용하여 mass 및 액체가 있는 부위를 찔러 세포를 흡인을 보조한다.
3. 흡인한 검체를 슬라이드글라스 위에 뿌리고 도말한다.

[각인(imprint)]

1. 준비된 검체를 습기가 없도록 타월 페이퍼에 물기를 조심스럽게 제거한다.
2. 검체를 핀셋으로 잡고 슬라이드글라스 위에 도장 찍듯 여러 번 각인한다.
3. 자연건조시켜 표본을 제작한다.

실습 일지

실습 날짜	. . .

실습 내용	
토의 및 핵심 내용	

교육내용 정리

02

세포 도말 표본 제작 및 염색하기

실습개요 및 목적

- 세포평가를 위한 표본을 준비하는 방법들을 이해한다.
- 압착 도말방법의 과정을 이해하여 표본을 제작할 수 있다.
- 변형된 압착 도말 방법으로 표본을 제작할 수 있다.
- 세포 검체를 고정하고 염색하는 과정을 수행할 수 있다.

실습준비물

슬라이드글라스	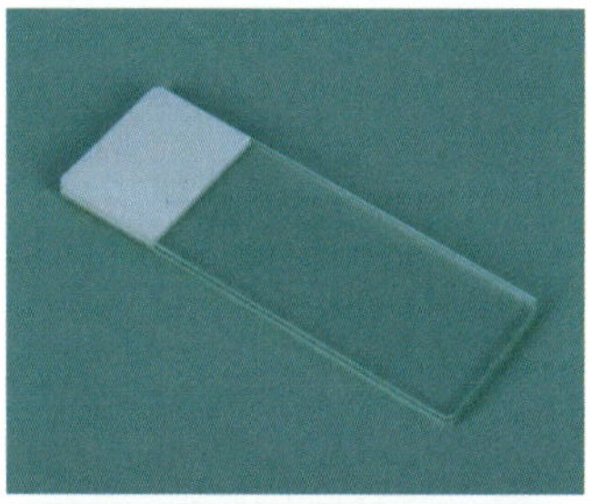
Diff-Quik 염색약	
라텍스장갑	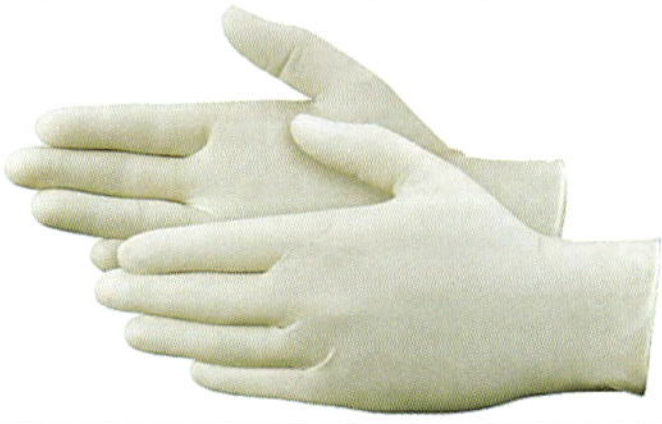

실습방법

1. 흡인물 일부를 슬라이드글라스 위에 떨어뜨린다.
2. 다른 슬라이드글라스를 검체 위에 올려놓고 검체를 펼친다(슬라이드글라스에 지문이 묻는 것을 방지하기 위하여 라텍스장갑을 착용하여 실시한다).
3. 검체가 펼쳐지지 않을 경우 부드럽게 손가락으로 슬라이드글라스 위를 눌러 압력을 가한다(이때 슬라이드글라스 위에 과도한 압력이 가해지면 세포가 파열될 수 있으므로 주의한다).
4. 변형된 압착 도말 방법의 경우 위쪽 슬라이드글라스를 약 45도 회전시킨 후 검체를 펼친다.
5. 도말된 세포는 염색 전 2~5분 고정시킨다.
6. Solution I , Solution II 용액에 차례대로 담근다.
7. 증류수 및 수돗물로 수세한다.
8. 드라이를 통해 건조하거나 자연 건조한다(이때 뜨거운 바람으로 건조할 경우 세포가 변성될 수 있다).

실습 일지

실습 날짜	. . .

실습 내용	
토의 및 핵심 내용	

교육내용 정리

03

피부 검사

실습개요 및 목적

- 피부소파의 원리를 이해하고 검사를 보조하여 표본을 제작할 수 있다.
- 셀로판테이프검사법을 이용하여 검체를 채취하여 표본을 제작할 수 있다.
- 피부사상균 배양을 준비하는 과정을 이해하고 검사절차를 수행할 수 있다.

실습준비물

슬라이드글라스, 메스날		
셀로판테이프, Diff-Quik 염색약	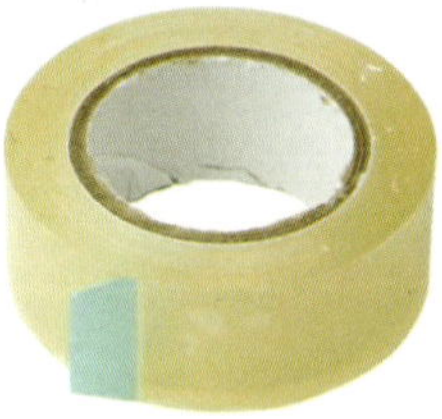	
DTM배지, 미네랄 오일		

실습방법

[피부소파검사; 찰과검사]

1. 10번 메스날과 미네랄 오일을 준비한다.
2. 피부를 긁기 전 검체 채취부위에 미네랄 오일을 한 방울 떨어뜨린다.
3. 소량의 혈액이 나올 때까지 피부를 긁는다.
4. 검체를 슬라이드글라스 위에 도포한다.
5. 미네랄 오일을 떨어뜨리고 커버글라스로 덮어 현미경으로 관찰한다.

[셀로판테이프 법]

1. 피부표면에 투명한 셀로판테이프를 부착하여 검체를 채위한다.
2. 슬라이드글라스 위에 미네랄 오일을 떨어뜨려 테이프 접착면을 놓고 현미경으로 관찰한다.
3. 셀로판 테이프를 Diff-Quik 염색약을 이용하여 염색한 후 슬라이드 글라스 위에 붙여서 현미경으로 관찰한다.

[피부사상균 배앙]

1. 냉장된 DTM배지를 상온에 20분간 방치하여 준비한다.
2. 검체를 멸균 소독된 핀셋이나 포셉으로 배지에 심는다(이때 배지에 오염이 함께 들어가지 않도록 주의한다).
3. 인큐베이터에서 37도로 배양한다.

실습 일지

실습 날짜	. . .

실습 내용	
토의 및 핵심 내용	

교육내용 정리

04

외이도 검사

실습개요 및 목적

- 귀도말과정을 위한 준비과 검체를 이용하여 표본을 제작할 수 있다.
- 외이도에서 관찰할 수 있는 감염성 원인체의 종류를 구분하고 현미경으로 관찰할 수 있다.
- 귀도말 검사에 발생할 수 있는 문제점을 이해하고 정확한 표본을 제작할 수 있다.

실습준비물

슬라이드글라스, 멸균 면봉		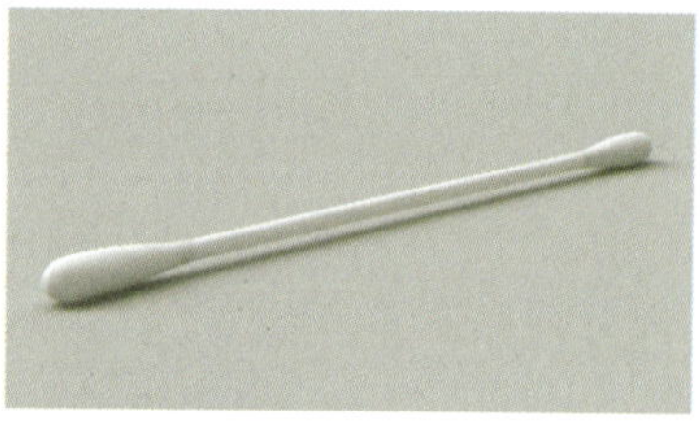
Diff-Quik 염색약		
현미경, 이멀젼오일	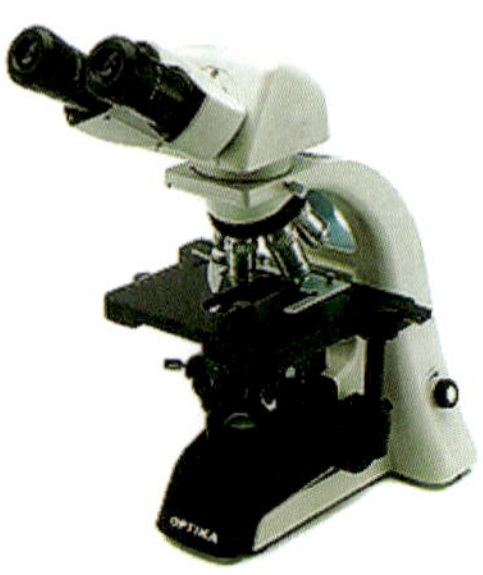	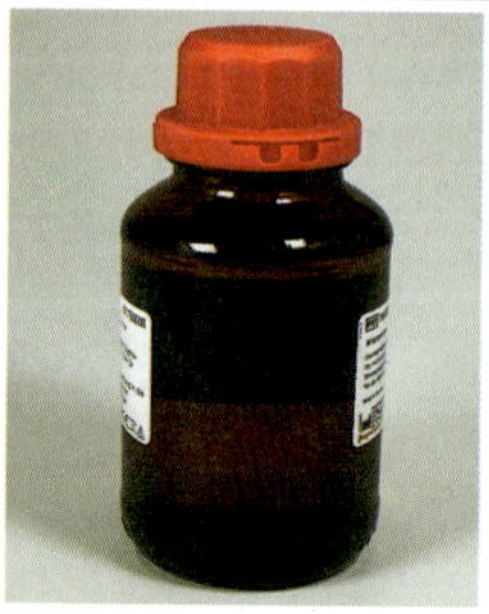

실습방법

1. 멸균면봉과 슬라이드글라스를 준비한다.
2. 면봉을 이용하여 좌/우측 외이도에서 검체를 채취한다.
3. 슬라이드글라스 위에 부드럽게 여러 번 도말한다.
4. 슬라이드글라스에 좌/우측 귀를 구분하여 마킹한다.
5. 자연건조시킨 후 Diff-Quik 염색약을 이용하여 표본을 만든다.
6. 표본을 현미경으로 관찰하여 세포를 확인한다.

실습 일지

실습 날짜	. . .

실습 내용	
토의 및 핵심 내용	

교육내용 정리

05

질도말 검사

실습개요 및 목적

- 발정주기를 이해하고 질도말 검사를 보조하여 표본 제작 준비할 수 있다.
- 질도말 검사를 통해 확인할 수 있는 세포의 종류와 미생물을 현미경을 통해 확인한다.
- 질도말 검사 시 유의점을 확인하고 표본 제작한다.

실습준비물

슬라이드글라스, 멸균 면봉		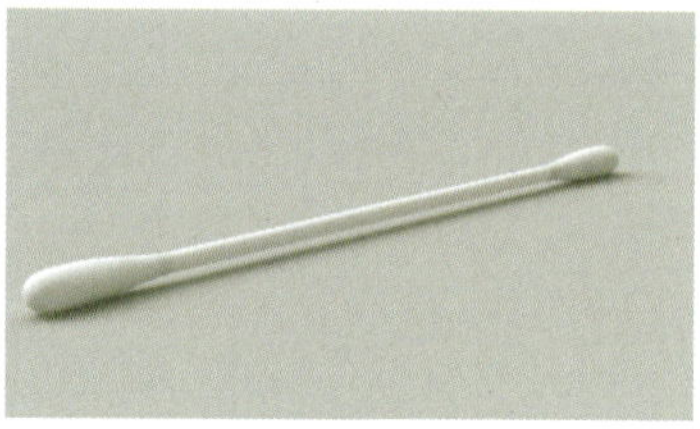
Diff-Quik 염색약, 생리식염수		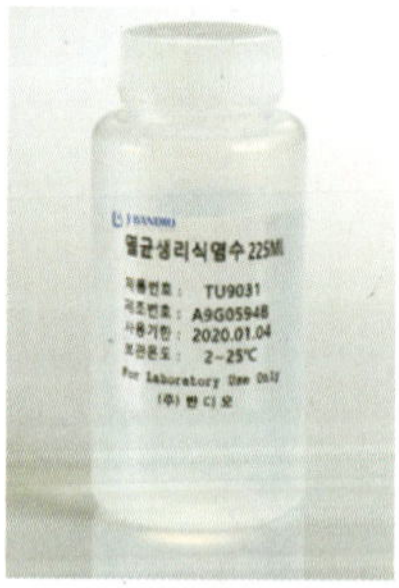
현미경, 에멀전오일	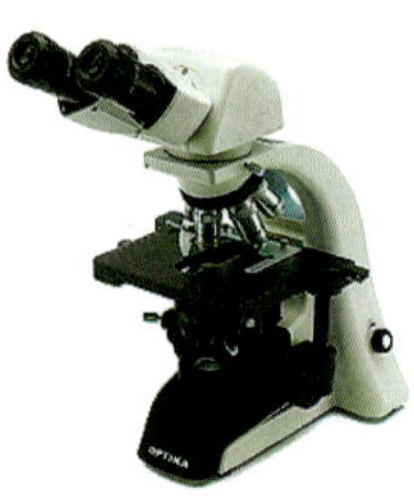	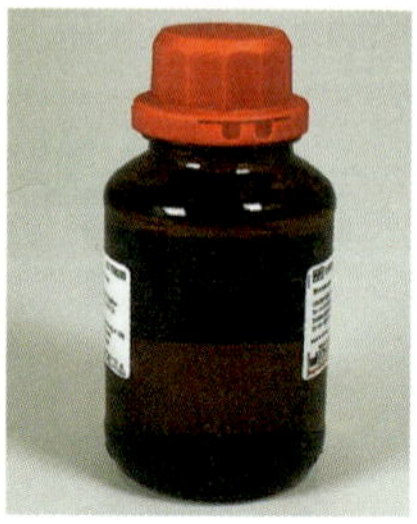

실습방법

1. 멸균면봉과 멸균생리식염수를 준비한다.
2. 멸균생리식염수를 적신 면봉을 이용하여 암컷 외음부에서 검체를 채취한다.
3. 슬라이드글라스 위에 부드럽게 여러 번 도말한다.
4. 자연건조시킨 후 Diff-Quik 염색약을 이용하여 표본을 만든다.
5. 표본을 현미경으로 관찰하여 세포를 확인한다.

실습 일지

실습 날짜	. . .

실습 내용	
토의 및 핵심 내용	

교육내용 정리

학습목표

- 현미경 관찰법 이해하여 현미경 검사를 수행할 수 있다.
- 심장사상충 검사를 이해하고 수행할 수 있다.
- 전염병 검사키트를 이용하여 검사절차를 수행할 수 있다
- 항체검사를 이해하고 항체검사를 수행할 수 있다
- 항생제 감수성 테스트 검사절차를 이해하여 검사과정을 수행할 수 있다.

PART

05

기타 임상병리 검사

01

현미경 관찰법

실습개요 및 목적

- 현미경 원리를 이해하고, 각 부위의 명칭과 기능을 설명할 수 있다.
- 현미경에 검체를 장착하고 배율에 따라 초점을 정확히 맞춰 관찰할 수 있다.
- 현미경의 사용 및 유지관리 방법을 이해할 수 있다.

실습준비물

현미경	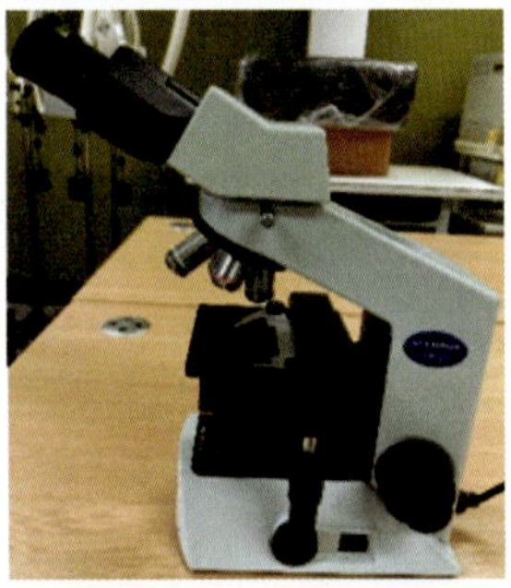
에멀전오일(유침오일), 슬라이드검체	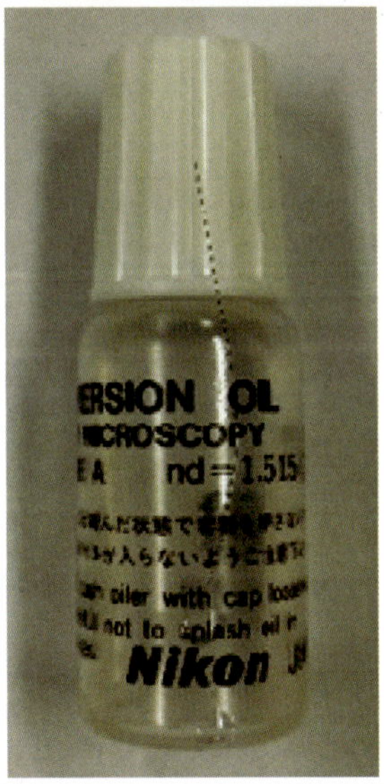

실습방법

* 현미경은 저배율에서 고배율 순서로 관찰한다.
* 유침오일을 사용해야 하는 대물렌즈는 검체와 대물렌즈 사이에 유침오일을 떨어뜨려 채운 후 관찰한다.

1. 재물대를 가장 아래쪽에 위치시킨 후 x4 대물렌즈를 중앙에 위치시킨다.
2. 재물대에 검체 슬라이드를 올려놓고 고정용 클립으로 고정한다.
3. 전원을 켜고 슬라이드글라스를 중심에 위치시킨다.
4. 접안렌즈 양 눈의 간격을 적절히 조절한다.
5. 조동나사를 돌려 검체를 대물렌즈에 가깝게 서서히 이동시키면서 초점을 맞춘다.
6. 미동나사를 돌려 초점을 정확히 맞춘다.
7. 필요에 따라서 광원 조절기와 조리개를 조절하여 관찰하기 좋은 상을 찾는다.
8. 배율을 점차 높여가며 원하는 상을 찾는다.
9. 현미경을 사용 후에는 전원을 끄고, 대물렌즈를 x4에 위치시키고, 재물대와 대물렌즈의 간격을 가장 많이 벌린 상태로 보관한다.

> 대물렌즈의 배율을 높인 다음에는 가능한 미동나사로 조절을 하는 것이 좋다.
> 높은 배율의 대물렌즈로 관찰할 때 조동나사를 돌리면 렌즈와 검체가 접촉하여 렌즈를 오염시킬 수 있다.

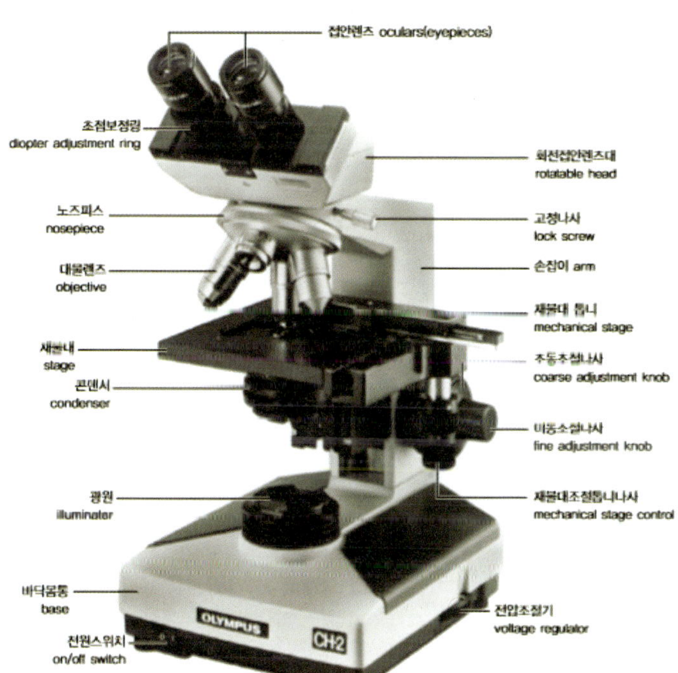

[그림 1] 광학현미경의 구조와 구성

출처: https://potatocrispy.tistory.com/10

실습 일지

실습 날짜	. . .

실습 내용	
토의 및 핵심 내용	

교육내용 정리

02

심장사상충 검사

실습개요 및 목적

- 심장사상충 키트검사과정을 이해하여 수행할 수 있다.
- 현미경을 통한 자충(마이크로필라리아)진단과정을 이해하여 샘플을 제작하고 검사를 보조한다.

실습준비물

심장사상충 검사키트, EDTA튜브	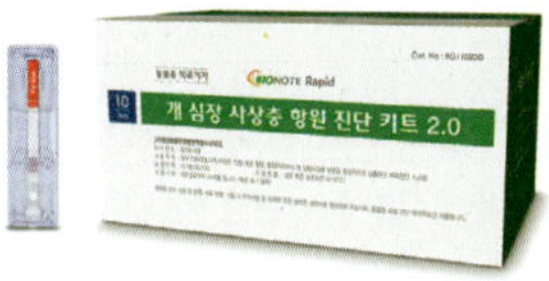	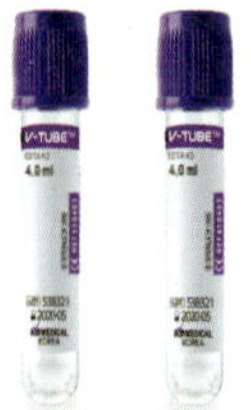
슬라이드글라스, 커버글라스		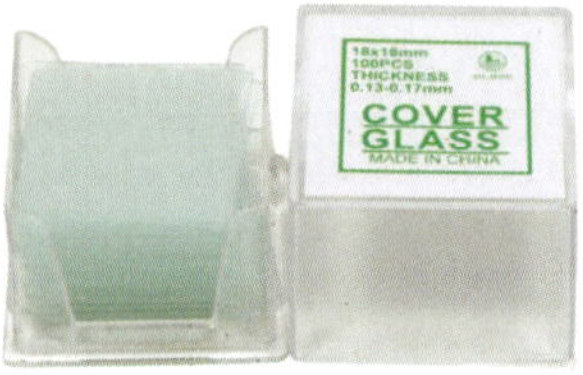
현미경	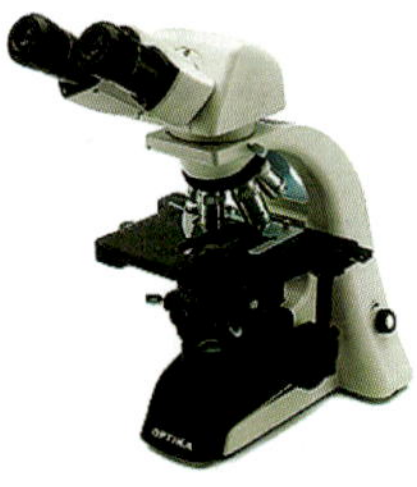	

실습방법

[키트검사]

1. 전혈 또는 혈장을 준비한다.
2. 첨부된 드롭퍼를 이용하여 키트의 점적홀에 떨어뜨린다.

[현미경 자충검사]

1. EDTA튜브에 담긴 전혈 준비한다.
2. 슬라이드글라스 위에 피펫을 이용하여 한 방울 떨어뜨린다.
3. 커버글라스를 덮어 검사 표본을 완성한다.
4. 현미경으로 자충을 확인한다.

실습 일지

실습 날짜	. . .

실습 내용	
토의 및 핵심 내용	

교육내용 정리

03 키트를 이용한 전염병 검사

실습개요 및 목적

- 개의 전염병 진단키트의 종류를 이해하고 검체 채취를 보조하여 키트검사를 수행한다.
- 고양이의 전염병 진단키트의 종류를 이해하고 검사를 보조한다.
- 각 제조사별 키트의 종류와 원리를 이해하고 주의사항을 확인한다.

실습준비물

<table>
<tr><td>개 전염병키트</td><td>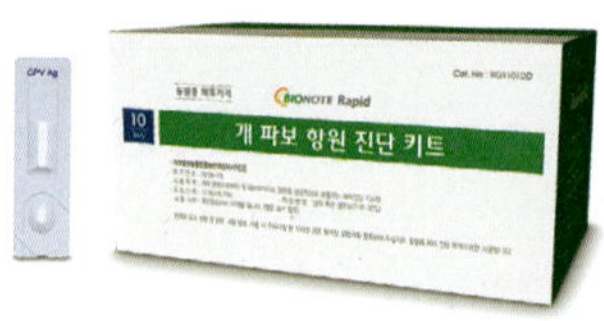
</td><td>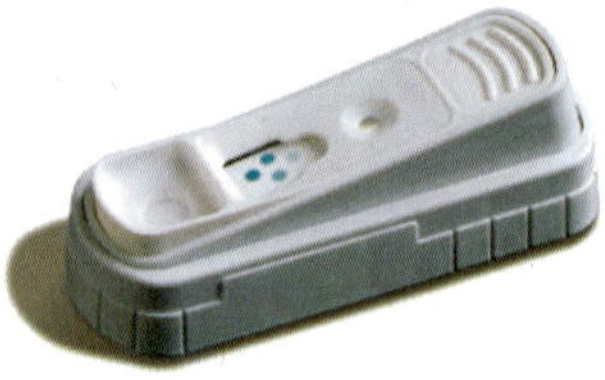</td></tr>
<tr><td>원심분리기</td><td colspan="2">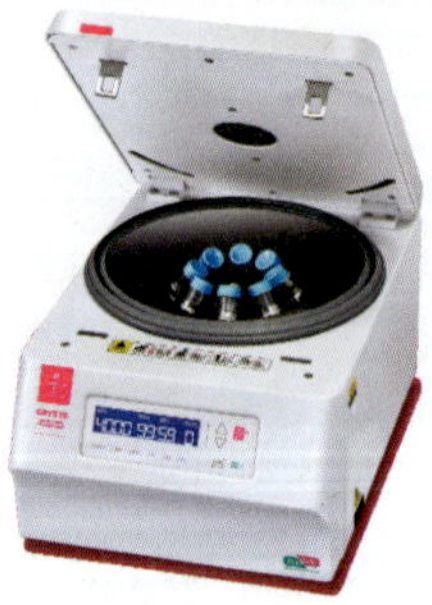</td></tr>
<tr><td>고양이 전염병 키트</td><td>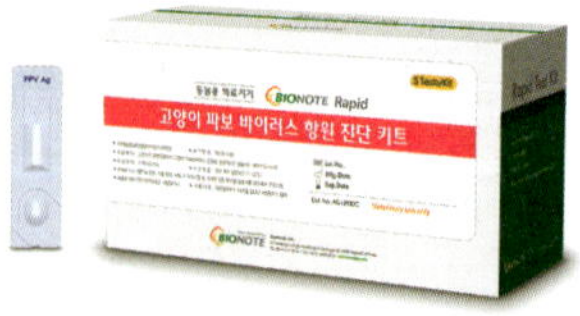
</td><td>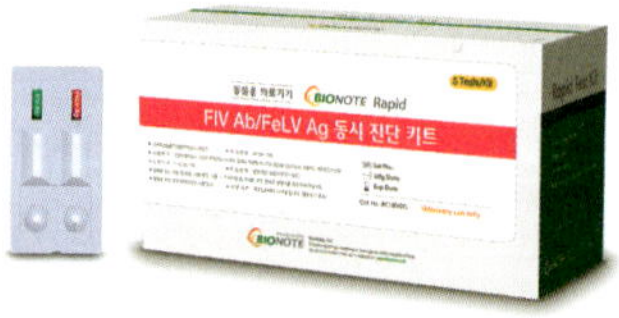
</td></tr>
</table>

실습방법

1. 각 키트에 맞게 전혈, 원심분리된 혈장, 분변, 타액 등의 검체를 채취한다.
2. 검체 희석액이 든 튜브에 채취한 검체를 잘 섞어준다.
3. 희석액과 검체가 잘 섞이도록 가볍게 흔들어준다.
4. 부유액이 가라앉을 때까지 기다렸다가 상층액을 채취한다.
5. 첨부된 드롭퍼를 이용하여 점적홀에 떨어뜨린다.

실습 일지

실습 날짜	. . .

실습 내용	
토의 및 핵심 내용	

교육내용 정리

04

개와 고양이의 항체 검사

실습개요 및 목적

- 개의 항체검사 원리를 이해하고 검사과정 수행할 수 있다.
- 고양이의 항체검사 원리를 이해하고 검사과정 수행할 수 있다.
- 각 제조사별 항체검사키트의 종류와 원리를 이해하고 주의사항을 확인한다.

실습준비물

준비물		
항체검사 키트	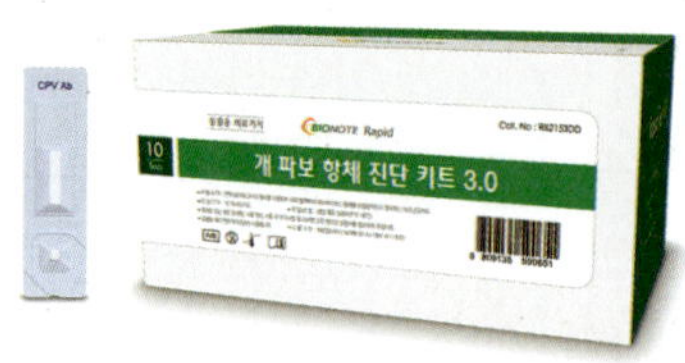	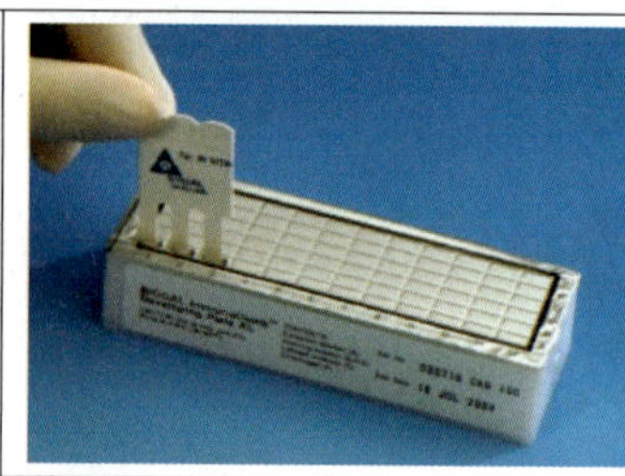
EDTA 튜브	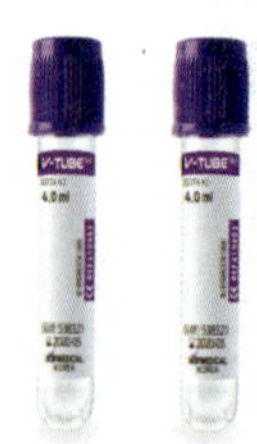	
원심분리기	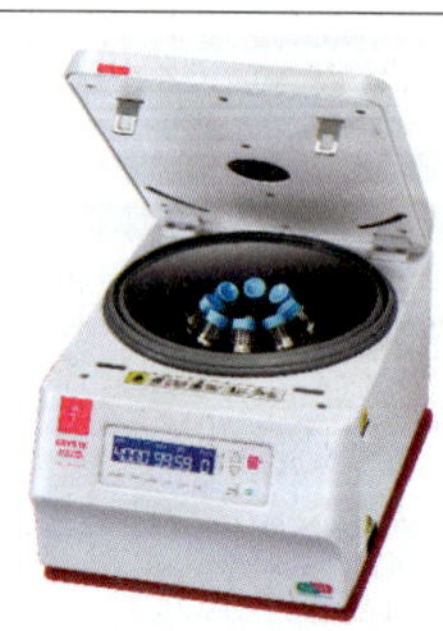	

실습방법

[키트검사]

1. EDTA튜브에 담은 전혈 또는 혈장을 첨부된 검체시트에 검체를 떨어뜨린다.
2. 검체시트에 떨어진 검체를 인벌티드컵을 이용하여 채취한다.
3. 검체 희석액이 든 튜브에 채취한 혈액을 잘 섞어준다.
4. 희석액과 혈액이 잘섞이도록 가볍게 흔들어준다.
5. 첨부된 드롭퍼를 이용하여 점적홀에 떨어뜨린다.

[ELISA 원리를 이용한 이뮤노콤]

1. EDTA에 담은 전혈 또는 혈장을 준비한다.
2. 검사 전 냉장상태의 플레이트를 상온 또는 37도 인큐베이터에 약 20분간 예열한다.
3. 첫 번째(A) 칸(well)에 전혈 또는 혈장을 주입한다.
4. 두 번째 칸(well)부터 순차적으로 시간에 맞추어 검체를 옮겨준다.

실습 일지

실습 날짜	. . .

실습 내용	
토의 및 핵심 내용	

교육내용 정리

05

항생제 감수성 테스트

실습개요 및 목적

- 항생제 감수성 테스트의 원리 이해하기
- 항생제 감수성 테스트의 유의성을 파악하여 검사 절차 이해하기
- 한천 확산법으로 항생제 감수성 테스트 과정을 수행하기

실습준비물

한천배지, 멸균면봉		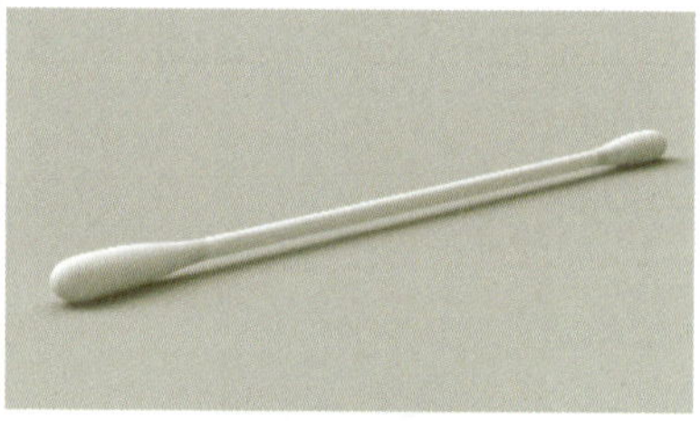
항생제디스크, 탁도시험관	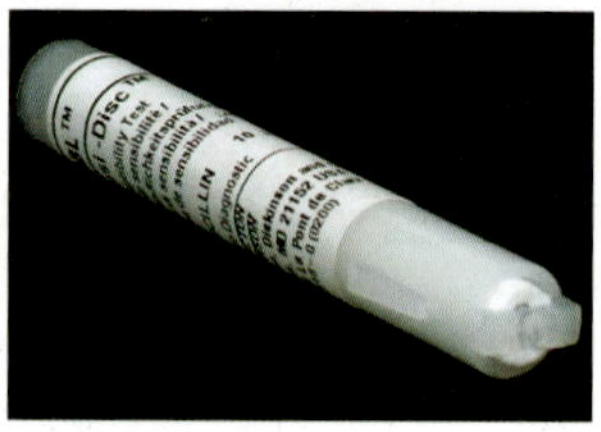	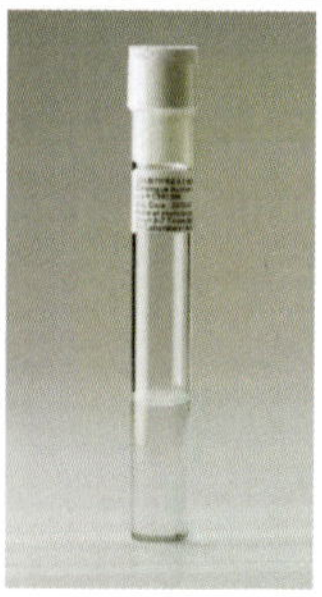
미생물배양기	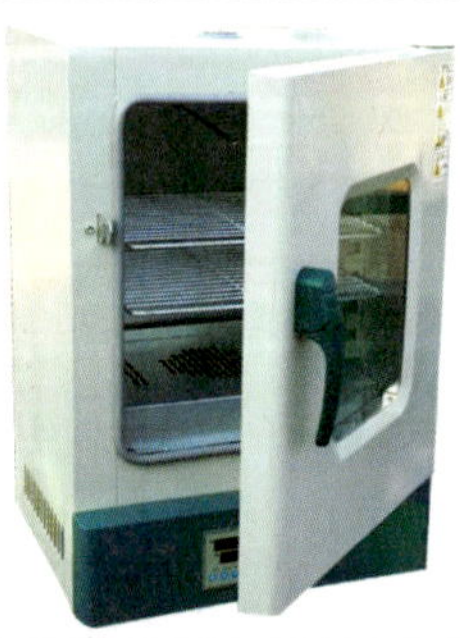	

실습방법

1. 세균 부유액 준비 - 시험할 집락을 멸균 식염수(saline)에 접종하고 (반드시 1개의 집락만을 선택하여 시험하고, 집락의 크기가 작아서 부득이한 경우는 최대한 동일 형태의 집락을 선택) 식염수를 써서 균액의 탁도를 표준 탁도시험관 비교 또는 탁도계를 사용하여 맞춘다.
2. 배지는 시험 항생제의 숫자에 따라 Mueller-Hinton 한천배지 90mm와 150mm 크기를 사용하며 배지의 두께는 중심부부터 가장 자리까지 4mm로 일정하게 유지되어야 한다.
3. 면봉에 균액을 묻히고 과량의 액체는 면봉을 시험관 벽에 대고 돌려 제거한 후에 접종한다(균액을 만들고 15분 이내에 접종). 균액은 배지를 120°씩 돌려서 3번을 바르도록 한다.
4. 균액을 접종하고 3~5분 후에 물기가 마르면 디스크를 놓고, 떨어진 디스크는 이동을 금지한다(균액 접종 후 15분 이내에 항생제 디스크 접종).
5. 디스크까지 접종한 배지는 15분 이내에 배양기에 넣고 35℃에 16~18시간 배양한다(Vancomycin은 24시간 배양).

실습 일지

실습 날짜	. . .

실습 내용	
토의 및 핵심 내용	

교육내용 정리

저자

이왕희
연성대학교 반려동물보건과

정재용
수성대학교 반려동물보건과

감수자

배은진_연성대
성기창_대구보건대
송광영_서정대
안재범_오산대
어경연_세명대
이상훈_전주기전대
정연수_경복대
조현명_동원대
황인수_서정대

동물보건 실습지침서
동물보건임상병리학 실습

초판발행 2023년 3월 30일

지은이 이왕희 · 정재용
펴낸이 노 현

편 집 전채린
기획/마케팅 김한유
표지디자인 이소연
제 작 고철민 · 조영환

펴낸곳 ㈜ 피와이메이트
서울특별시 금천구 가산디지털2로 53, 210호(가산동, 한라시그마밸리)
등록 2014. 2. 12. 제2018-000080호
전 화 02)733-6771
f a x 02)736-4818
e-mail pys@pybook.co.kr
homepage www.pybook.co.kr
ISBN 979-11-6519-396-6 94520
979-11-6519-395-9(세트)

정 가 20,000원

박영스토리는 박영사와 함께하는 브랜드입니다.